Umamaheswari Sivaprakasam
K. M. Syed Ali Fathima
M. Tamilselvan

Biodiversidade das borboletas de quatro aldeias seleccionadas em Namakkal

Umamaheswari Sivaprakasam
K. M. Syed Ali Fathima
M. Tamilselvan

Biodiversidade das borboletas de quatro aldeias seleccionadas em Namakkal

ScienciaScripts

Dr. S. UMAMAHESWARI

DIVERSIDADE DE BORBOLETAS

BIODIVERSIDADE DE BORBOLETAS DE QUATRO ALDEIAS SELECCIONADAS NO DISTRITO DE NAMAKKAL, TAMILNADU, ÍNDIA

2

Dr. S. UMAMAHESWARI M.Sc., M.Phil., B.Ed.,Ph.D

M. TAMILSELVAN M.Sc.

ÍNDICE DE CONTEÚDOS

INTRODUÇÃO

A biodiversidade, também conhecida como diversidade biológica, representa a diversidade da vida na Terra através de todos os diferentes níveis de grupos vivos. A biodiversidade pode ser utilizada para descrever a variedade da composição genética de uma espécie e a variedade de tipos de ecossistemas. É um termo muito amplo e este tipo de biodiversidade é o que a maioria das pessoas conhece. É definida como o número e a abundância de diferentes espécies que ocupam um local. Para determinar com exatidão a diversidade de espécies, é necessário ter em conta tanto a riqueza de espécies, que é o número de espécies diferentes, como a riqueza relativa, que é o número de indivíduos dentro de cada espécie.

Atualmente, existem cerca de 10.32.000 espécies de animais descritas no planeta Terra. O número total pode ser muito mais elevado, de facto, entre 10 e 30 milhões. Destas, os insectos constituem 7 51 000 espécies, ou seja, 72,8%, o que representa cerca de três quartos de todas as espécies de animais do planeta. Os insectos são invertebrados que fazem parte de um grupo mais vasto de animais, os artrópodes. Os insectos constituem uma proporção ainda maior dos animais terrestres. Embora a maioria dos insectos viva em terra, a sua diversidade inclui também muitas espécies aquáticas. Na América do Norte, existem mais de 8.600 espécies de insectos associadas a ambientes de água doce durante uma parte das suas vidas. Uma das principais características dos insectos é a sua extraordinária diversidade em termos de número e de formas morfológicas. Foram descritas mais de 1 milhão de espécies de insectos, mas as estimativas actuais da diversidade total de insectos variam entre 2,6 e 7,8 milhões de espécies, com uma média de 5,5 milhões. Um estudo recente estimou o número de escaravelhos em 0,9-2,1 milhões, com uma média de 1,5 milhões (Stork *et. al.,* 2015).

A atenção dada ao estudo da biodiversidade levou a um interesse crescente na avaliação da diversidade dos insectos e seus parentes, uma vez que estes grupos dominam os ecossistemas terrestres e de água doce e são indicadores valiosos da sua saúde. Os insectos são extremamente diversificados e importantes para os ecossistemas. Preencheram os processos naturais diversos e essenciais que sustentam os sistemas biológicos, constituindo mais de 75% das espécies animais conhecidas. De facto, os nossos ecossistemas actuais não funcionariam sem insectos e aracnídeos. No entanto, existem tantas espécies que a maioria dos grupos é conhecida de forma muito incompetente. Por exemplo, apenas cerca de 34.000 das 67.000 espécies de insectos e seus parentes no Canadá foram descritas. Em algumas partes da Europa, o estado do conhecimento é muito melhor: por exemplo, mais de 93% das cerca de 24.000 espécies de insectos britânicos são conhecidas. O conhecimento dos artrópodes também é essencial para conservar ou gerir os ecossistemas, porque uma concentração distorcida apenas em organismos grandes e conspícuos representa mal a dinâmica dos ecossistemas (Kremen 1992). A elevada diversidade de insectos proporciona uma resolução possivelmente elevada e esta oportunidade de detetar alterações relativamente insignificantes mas, no entanto, importantes nestes sistemas.

LEPIDOPTERA

Entre os insectos, as borboletas e as traças ocupam uma posição vital no ecossistema e a sua ocorrência e diversidade são consideradas bons indicadores da saúde de um determinado biótopo terrestre. As borboletas são também bons indicadores de alterações ambientais, uma vez que são sensíveis à degradação do habitat e às alterações climáticas. As borboletas são benéficas na medida em que servem de polinizadores e indicadores da qualidade ambiental e são apreciadas pelo seu valor. O grau de diversidade depende da flexibilidade de uma espécie num determinado micro-habitat. A dimensão, o tamanho da população e a diversidade das espécies são os elementos biológicos mais significativos de um ecossistema (Bliss 1962). A Índia é conhecida pelo seu rico património de diversidade biológica, tendo já documentado mais de 89 000 espécies de fauna (Alfred e Rao 1997) e 45 000 espécies de flora nas suas 10 regiões biogeográficas. As borboletas são também bons indicadores das alterações ambientais, uma vez que são sensíveis à degradação do habitat e às alterações climáticas. Particularmente nos ecossistemas florestais, quando os habitats se fragmentam, as borboletas que se deslocam de um habitat para outro têm maiores probabilidades de exposição a predadores e são vulneráveis a perturbações associadas à atividade humana. O subcontinente indiano (ISC) tem cerca de 1 439 espécies de borboletas, das quais 100 espécies são endémicas, e pelo menos 26 taxa estão hoje globalmente ameaçados, de acordo com a lista vermelha de animais e insectos ameaçados (Singh e Pandey 2004). O esgotamento do néctar e a dessecação das plantas hospedeiras causam mortalidade direta e induzem comportamentos migratórios. As borboletas, sendo exotérmicas, são altamente sensíveis às variações climáticas e o seu curto tempo de geração torna-as um organismo adequado para estudo. Em Tamil Nadu, foram registadas 319 espécies. No entanto, foram realizados muitos estudos sobre a população demográfica das borboletas, o seu papel económico e a sua diversidade em várias regiões de Tamil Nadu.

TEMPERATURA

Os insectos pertencem a um grupo de animais ectotérmicos, pelo que dependem fortemente das condições térmicas do ambiente circundante. Assim, para além das plantas alimentares, as condições climáticas são factores básicos para a distribuição dos insectos. As alterações climáticas não são neutras para os grupos de insectos. Os parâmetros climáticos básicos, ou seja, a temperatura e a humidade, influenciam os insectos tanto direta como indiretamente. A influência direta pode ser observada através da limitação e estimulação da atividade das larvas e dos adultos; a influência indireta inclui uma influência climática no ambiente em que os insectos aparecem, tal como a influência nas formações vegetais, na penologia vegetal, na qualidade dos alimentos, nos predadores, nos parasitóides e na atividade dos agentes patogénicos entomológicos. Os insectos, enquanto animais poiquilotérmicos, alteram visivelmente a sua atividade em função da temperatura do ambiente circundante (Bale *et. al.*, 2002).

Em condições de temperatura mais elevada, o desenvolvimento do ovo, da larva e da pupa encurta, o que é um fenómeno caraterístico de um grande grupo de espécies florestais. Nas condições das zonas de clima temperado, a periodicidade da atividade dos insectos no ambiente é influenciada por uma sequência de estações. A temperatura é particularmente importante como fator que limita a atividade dos insectos. As alterações da temperatura média estão inter-relacionadas com as alterações na penologia dos insectos. O aparecimento mais precoce de algumas espécies na primavera e a sua maior atividade são os sintomas mais característicos de um aquecimento global (Parmesan e Yohe 2003; Moore e Allard 2008).

O aumento da temperatura média provoca um crescimento mais rápido e pode ter influência no aumento do número de gerações destas espécies. As alterações climáticas podem causar uma adaptação evolutiva mais rápida do que o habitual. As alterações da temperatura e da humidade podem influenciar os insectos indiretamente através de alterações no metabolismo e na fisiologia das plantas hospedeiras (Ayres e Schrnider 2000; Rouault *et. al.,* 2006; Moore e Allard 2008; Netherer e Schopf 2010). A alteração das condições térmicas e da humidade pode ter uma influência positiva e negativa nas alterações climáticas, podendo resultar na adaptação, aumento da população e expansão de espécies exóticas mais bem adaptadas do que os taxa nativos (Capdevila Arguelles e Zilletti 2008). O aumento da temperatura pode influenciar positivamente o número da população de espécies introduzidas cujo desenvolvimento e capacidade de sobrevivência eram anteriormente limitados por baixas temperaturas. Os insectos são organismos poderosos e de rápida adaptação, com uma elevada taxa de fecundidade e um ciclo de vida curto. As tensões abióticas e bióticas influenciam significativamente os insectos e a sua dinâmica populacional. As alterações globais são responsáveis por uma vasta gama de variações ambientais antropogénicas e naturais (Harrison *et. al.,* 2006). Estas alterações climáticas e meteorológicas não só afectam o estado das pragas de insectos, como também afectam a sua dinâmica populacional, distribuição, abundância, intensidade e comportamento alimentar (Ayres e Schneider 2009). Em vários factores climáticos, a temperatura, em particular, pode prolongar ou reduzir o ciclo de vida dos insectos. Uma temperatura elevada pode influenciar a fase do ciclo dos insectos, o seu crescimento ou algumas actividades metabólicas internas. As espécies tropicais de insectos são consideradas de alto risco de variação microclimática e de otimização comportamental do que as regiões temperadas. As perturbações abióticas, nomeadamente os efeitos térmicos superiores e inferiores, influenciam a multiplicação dos insectos, as diapausas, a emergência, o voo e a taxa de dispersão

(Yamamura e Kiritani 1998). Não é apenas a temperatura elevada que é responsável por estas variações, mas também a temperatura fria desempenha um papel importante nas propriedades intrínsecas das espécies de insectos. O arrefecimento e a congelação têm um grande efeito na perturbação fisiológica, mecânica e comportamental de vários insectos. Pode alterar os ingredientes químicos e provocar a desidratação das células ou manter os fluidos corporais, mantendo os líquidos abaixo do ponto de fusão (Sinclair *et. al.,* 2003). Vários insectos respondem a factores abióticos como a humidade, o efeito térmico, a luz e os alimentos, etc., de diferentes formas. Este fator abiótico não só afecta o comportamento dos insectos como também perturba o mecanismo fisiológico.

OBJECTIVO:

Até à data, não foi feito qualquer trabalho sobre a biodiversidade de insectos associados a Tiruchengode Taluk. Os insectos são os componentes mais importantes de um ecossistema. A sua contribuição para os seres humanos pode ser classificada como um aspeto útil. Poucas espécies de insectos são pragas, produtos armazenados e causas de doenças. O presente estudo teve por objetivo documentar a diversidade de espécies de insectos em habitats como o ecossistema agrícola, em áreas de Tiruchengode Taluk, distrito de Namakkal, Índia.

> Explorar a diversidade e a distribuição de insectos em áreas seleccionadas.

> Determinar a diversidade e a associação de habitats de insectos em áreas seleccionadas.

> Para me preparar para futuras investigações e formulações para a conservação deste importante grupo de insectos.

REVISÃO DA LITERATURA

A biodiversidade ocorre a todos os níveis, podendo incluir um ecossistema, uma população, uma espécie e um indivíduo. A biodiversidade desempenha um papel importante no apoio e regulação da função do ecossistema. A importância relativa de uma espécie para o funcionamento do ecossistema é determinada pelas suas características e abundância. Entre outros factores, a diversidade de todos os seres vivos depende da temperatura, da precipitação, da altitude e da presença de outras espécies.

As borboletas que se deslocam de um habitat para outro têm maiores probabilidades de exposição a predadores e são vulneráveis a perturbações associadas à atividade humana. O efeito da perda de habitat pode ser visto claramente no declínio da população de borboletas. Em Madhya Pradesh e Vidarbha, na Índia central, foram documentadas 177 espécies de borboletas (D'Abreu 1931). A macro diversidade de Lepidoptera também é objeto de estudos nos trópicos indo-australianos, que apresentam dados sobre a riqueza da fauna e a representação proporcional de várias famílias. A maior parte das borboletas indianas são registadas nos Himalaias e nos Ghats Ocidentais. O mundo contém cerca de 18.000 - 20.000 espécies de borboletas e existe um claro gradiente latitudinal na diversidade de espécies de borboletas, com números mais elevados nos trópicos (Shields 1989). Parsons *et al.*, (1991) listaram 3.402 espécies de artrópodes, incluindo 492 espécies de Lepidoptera. Cerca de 1500 borboletas (Smetacek 1992; Gay 1992) foram identificadas no subcontinente indiano, constituindo 8,33% das 18 000 espécies conhecidas no mundo. O estado da população de borboletas em qualquer área ajudar-nos-ia a compreender o estado do ecossistema, uma vez que são boas espécies indicadoras. A maior diversidade de plantas, habitats, topografia e climas são os factores-chave que sustentam a distribuição, diversidade e abundância das borboletas.

A diversidade de borboletas era mais elevada nas planícies, enquanto Sphingidae e Arctiidae atingiam o seu pico a altitudes médias, verificando-se que a diversidade de borboletas diminuía fortemente com a interferência humana, enquanto algumas mariposas Pyraloidea persistiam mesmo em zonas fortemente perturbadas.

No norte de Western Ghats, quatro habitats tropicais com diferentes níveis de perturbação foram monitorizados quanto à diversidade e padrões sazonais nas comunidades de borboletas (Kunte 1997). As borboletas têm sido estudadas sistematicamente desde o início do século XVIII e foram documentadas 19 238 espécies em todo o mundo (Heppner 1998). As borboletas são bons indicadores em termos de perturbação antropogénica e de qualidade do habitat (Kocher e William 2000).

Para quantificar a influência da altitude e da perturbação antropogénica na diversidade de Lepidoptera, Schulze (2000) realizou estudos pormenorizados no Monte Kinabalu, no Norte do Bornéu. 4000 espécies encontradas nos trópicos afro. Tolman e Lewington (2008) apresentam uma lista de 440 espécies para a Europa e a Grã-Bretanha. Pelham (2008) enumera 800 espécies nos Estados Unidos e no Canadá. O subcontinente indiano alberga cerca de 1 504 espécies de borboletas (Tiple 2009), das quais a Índia peninsular e os Ghats Ocidentais albergam 351 e 334 espécies, respetivamente. Particularmente no ecossistema florestal, quando os habitats estão fragmentados.

TEMPERATURA

Em vários factores climáticos, a temperatura, em particular, pode prolongar ou reduzir o ciclo de vida dos insectos. Ross (1965) observou que, na vida dos insectos, a temperatura é um dos factores mais críticos: nas regiões tropicais, as mudanças de temperatura são ligeiras e as mudanças sazonais exercem o efeito mais dramático no ambiente. De acordo com Allan *et al.* (1973), a presença de insectos num determinado habitat depende de uma vasta gama de factores, dos quais a disponibilidade de alimentos e as condições climáticas são os mais importantes. Matthee (1978) referiu que a temperatura elevada induz a diapausa dos ovos no gafanhoto *Locusta paradalina*.

A abundância de plantas que servem de alimento às larvas, as condições adequadas para a postura dos ovos e as flores adequadas para a alimentação dos adultos determinam a distribuição dos insectos. Além disso, a abundância de predadores e parasitóides e a prevalência de doenças também determinam a abundância e a densidade das populações de insectos (Pollard e Yates 1993). Os efeitos directos da temperatura nos parâmetros da história de vida dos insectos, por outro lado, têm sido abordados na literatura e são provavelmente maiores e mais importantes do que qualquer outro fator na história de vida e fisiologia dos insectos (Bale *et. al.,* 2002). Os insectos desempenham um papel importante nos serviços ecossistémicos, actuando como herbívoros, polinizadores, predadores e parasitóides, e as alterações na sua abundância e diversidade têm o potencial de alterar os serviços que prestam. O número de estudos que relatam os efeitos das alterações climáticas nos insectos aumentou rapidamente nos últimos 20 anos.

MATERIAIS E MÉTODOS

ÁREA DE ESTUDO

O estudo foi efectuado no distrito de Namakkal, em Tamil Nadu. O distrito de Namakkal está situado entre 11,2195*N de latitude e 78,1678*E de longitude. Os insectos foram recolhidos em cinco aldeias diferentes, nomeadamente Allinaickenpalayam, Nathamedu, Alampalayam, Mudhalaimadaiyur.

Local I: Allinaickenpalayam é um campo agrícola localizado a uma distância de 24 km, situado nas coordenadas geográficas 11.4335*N e 77.8195*E

Sítio II: Nathamedu é um campo agrícola localizado a uma distância de 23 km, situado nas coordenadas geográficas 11.4227*N e 77.7865*E

Sítio III: Alampalayam é um campo agrícola localizado a uma distância de 22 km, situado nas coordenadas geográficas 11,4123*N e 77,6543*E

Sítio IV: Mudhalaimadaiyur é um campo agrícola situado a uma distância de 20 km, com as coordenadas geográficas 11,3798*N e 77,4784*E

SACO DA COLECÇÃO

Os métodos de recolha podem ser divididos em duas grandes categorias. Na primeira categoria, utilizam-se redes, aspiradores, folhas de batimento, etc.; na segunda categoria, seguem-se técnicas de armadilhagem. Existem vários tipos de sacos de recolha. O saco de recolha inclui os seguintes elementos Fórceps, frascos com conservantes, frascos para matar, pequenos recipientes para armazenar os espécimes após a sua remoção dos frascos para matar, um pequeno envelope para armazenamento temporário, aspiradores, tecido absorvente, livro de notas, faca e tesoura para cortar etiquetas, pincel fino para apanhar espécimes minúsculos e lentes de mão.

REDES DE RECOLHA

A rede de recolha é constituída por um saco de musselina ou de nylon, por uma argola metálica que prende a boca e por um cabo comprido que é ligado à argola metálica.

Redes aéreas

As redes aéreas são feitas de nylon; o saco e a pega são relativamente leves. A rede aérea foi concebida especialmente para as borboletas. Os insectos activos durante os dias de sol são recolhidos com uma rede aérea (traças, abelhas).

Redes de varrer

A rede de varredura é semelhante à rede aérea, mas é mais forte para resistir ao arrastamento através de vegetação densa. Os insectos mais pequenos que infestam a vegetação densa e os troncos das árvores são recolhidos aleatoriamente com a utilização da rede de varredura.

Bater folhas

A folha de bater é feita de um pano branco resistente, preso a uma armação com dois pedaços de madeira leve e encaixado nos bolsos de cada canto do pano. Um vulgar guarda-chuva de cor clara também pode ser utilizado para a recolha de escaravelhos, verdadeiros sacos, quando o tempo está frio ou quando o dia é cedo ou tarde. Utiliza-se um taco ou um pau para bater nos ramos ou na folhagem e mantém-se uma folha de bater sobre o solo para recolher os exemplares. Também se utiliza um pano de chão para capturar insectos nos campos de cultivo (Rudd e Jensen 1977).

ARMADILHAS DE LUZ

As armadilhas luminosas são muito eficazes para atrair os meses e outros insectos noturnos. Normalmente, coloca-se uma tela de musselina branca no campo, com uma fonte de luz adequada, como um candeeiro de querosene ou faróis de automóvel, alguns metros à sua frente. Os insectos atraídos pela luz são facilmente capturados.

ARMADILHAS DE ISCO

Qualquer substância que atraia insectos pode ser utilizada como isco. Muitos insectos, como as traças nocturnas e os escaravelhos do estrume, são recolhidos através de armadilhas com isco. A melhor altura para colocar o isco é ao início da noite, antes de escurecer. Os iscos podem ser aplicados em faixas nos troncos das árvores, no solo ou noutras superfícies. Os insectos podem ser recolhidos diretamente nas armadilhas.

JARROS DE MATAR

O método mais utilizado para matar os espécimes recolhidos é o frasco mortuário. Após a recolha dos insectos, os espécimes devem ser mortos e devidamente montados ou conservados. Dependendo dos tipos de insectos, pode ser utilizado qualquer frasco de vidro pesado e largo, com uma rolha bem apertada. O acetato de etilo, o éter, o clorofórmio, o cianeto de potássio e o cianeto de sódio são alguns dos agentes de destruição. O amoníaco líquido voltou a ser utilizado para os Lepidoptera. Conservar os espécimes delicados em frascos separados. Os insectos de tamanho médio foram mortos com uma gota de clorofórmio em algodão.

AMOSTRA DE MONTAGEM

O espécime montado foi fácil de manusear e examinado com grande comodidade e com o mínimo de danos. A fixação com alfinetes é a melhor forma de conservar os insectos de corpo duro. Só devem ser utilizados alfinetes para insectos. Os alfinetes normais, com 38 mm de comprimento e tamanhos variados, são de 0-6 ou 7. As cabeças são feitas de nylon. Os alfinetes de diâmetro n.º 2 são os mais úteis. Os alfinetes de diâmetro maior, números 3-7, são utilizados para insectos grandes. A maioria dos insectos é fixada à direita da linha média. Os lepidópteros grandes são fixados a meio do tórax ou imediatamente atrás da base das asas anteriores (Ross 1965).

MONTAGEM DUPLA

Os insectos demasiado pequenos para serem fixados diretamente com alfinetes podem ser montados com alfinetes duplos. Os espécimes de microlepidópteros são mais facilmente montados utilizando uma ponta de cartão e depois um alfinete (Peterson *et. al.,* 1961). A ponta de cartão é um pequeno triângulo de papel rígido, em bruto, com não mais de 12 mm de comprimento e 3 mm de largura. É popular na Europa para a montagem de pequenos espécimes no suporte de cartão. Alfinete para mosquitos e moscas pequenas com um minuto através do tórax, com o lado esquerdo do espécime posicionado na direção do alfinete principal.

PRESERVAÇÃO PARA ESTUDO TAXONÓMICO

Os insectos foram conservados de acordo com métodos normalizados (Srivastava 2004; Singh e Sachan 2007).

MÉTODO FOTOGRÁFICO

Foi efectuada documentação fotográfica e os dados foram conservados. Uma vez que a identificação até ao nível da espécie não pode ser feita apenas com fotografias, foram utilizados métodos adicionais de prospeção, em que os indivíduos foram recolhidos através de um saco simples de rede mosquiteira (**PLACA I, II E III**).

IDENTIFICAÇÃO

O objetivo de uma chave taxonómica é facilitar a identificação de um espécime. O objetivo foi alcançado através da apresentação de caracteres de diagnóstico adequados subsequentes numa série de escolhas alternativas com a ajuda de chaves publicadas (Srivastava 2004; Hook 2008; Atwal e Dhaliwal 2010) e da literatura disponível. Alguns dos espécimes foram identificados e confirmados por comparação com os espécimes do Department of Agricultural Entomology, **Tamil Nadu Agricultural University, Coimbatore, Índia,** e os espécimes identificados foram organizados por ordem sistemática.

Foi feita uma recolha extensiva e regular de borboletas durante Nov-16 a Jan-17, utilizando uma rede de varredura. Os indivíduos recolhidos foram transferidos para um local de recolha de insectos, onde foram devidamente esticados, fixados com alfinetes, secos no forno durante 72 horas a 60°c e preservados numa caixa de recolha. A identificação dos indivíduos adultos foi efectuada com recurso a chaves de identificação fornecidas por.

FACTORES ABIÓTICOS

Os factores abióticos, como a temperatura, a humidade e a precipitação de uma área, têm um grande impacto na vegetação, bem como na fauna, particularmente nos insectos. Tendo este facto em mente, a temperatura e a humidade da área de estudo foram registadas em cada data de amostragem com a ajuda de um termo-higrómetro. As variações mensais de todos os dois parâmetros durante 10 meses foram apresentadas no quadro:

ANÁLISE ESTATÍSTICA

Os dados recolhidos foram analisados utilizando a estatística PAST 18 e a distribuição percentual das diferentes espécies na área de estudo foi calculada pela seguinte fórmula:

Percentagem de distribuição = (número de espécies/número total de espécies recolhidas) X 100.

ÍNDICES DE DIVERSIDADE E ANÁLISE DE DADOS

Os índices de Shannon-Wiener, de Simpson de diversidade, de equitabilidade, de dominância, de Margalef, de Menhinick, alfa de Fisher e de Berger-Parker foram calculados pelo software PAST 3.x (**versão 2013**).

ÍNDICE DE DIVERSIDADE

O índice de diversidade foi calculado utilizando o índice de diversidade de ShannonWiener

Índice de diversidade = H = - H Pi In Pi

Em que Pi = S / N

S = número de indivíduos de uma espécie

N = número total de todos os indivíduos da amostra

In = logaritmo de base e

O valor da diversidade de Shannon situa-se geralmente entre 1,5 e 3,5 e só raramente ultrapassa 4,5. Se a amostra for muito grande, com mais de 5 espécies, os valores do índice S-W (H) podem variar entre 0 e 4,6 utilizando o logaritmo natural. Um valor próximo de 0 indicaria que todas as espécies da amostra são iguais. Um valor próximo de 4,6 indicaria que o número de indivíduos está distribuído de forma homogénea entre todas as espécies. O índice de diversidade de Shannon Wiener é amplamente utilizado para comparar a diversidade entre vários habitats Clarke e Warwick (2001).

MEDIÇÃO DA RIQUEZA DE ESPÉCIES

O índice de Margalefs foi utilizado como uma medida simples da riqueza de espécies (Margalefs 1958).

Índice de Margalefs = (S-1) / In N

S = número total de espécies

N = número total de indivíduos na amostra

In = logaritmo natural

MEDIÇÃO DA REGULARIDADE

Para o cálculo da equidade das espécies, o método de Pielou

Foi utilizado o índice de uniformidade (e).

e = H / In S

H = Índice de diversidade de Shannon-Wiener

S = número total de espécies na amostra

PLACA - I RECOLHA DE INSECTOS LEPIDÓPTEROS EM QUATRO SÍTIOS

LEPIDOPTERA	SCIENTIFIC NAME
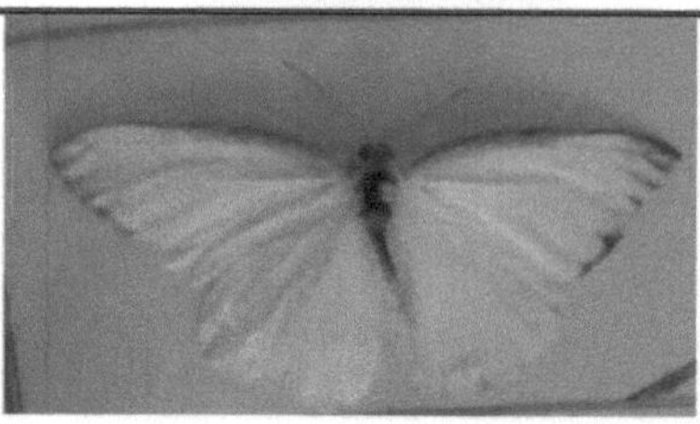	**Acute Sunbeam** ***Curetis acuta*** **H.P: *Pongamia pinnata*** **Distribution : all around India**
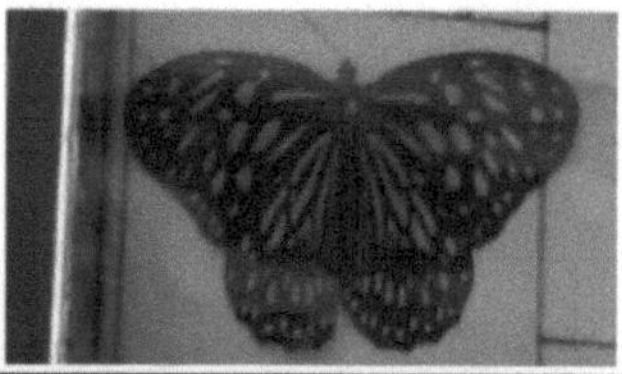	**Glassy Tiger** ***Parantica Aglea*** **H.P: *Tylophora indica*** **Distribution : all around India**
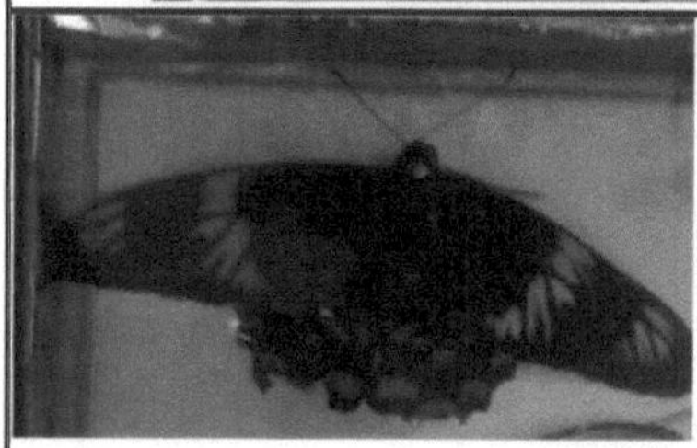	**Crimson Rose** **Pachliopta hector** **H.P: *Azadirachta indica*** **Distribution : all around India**
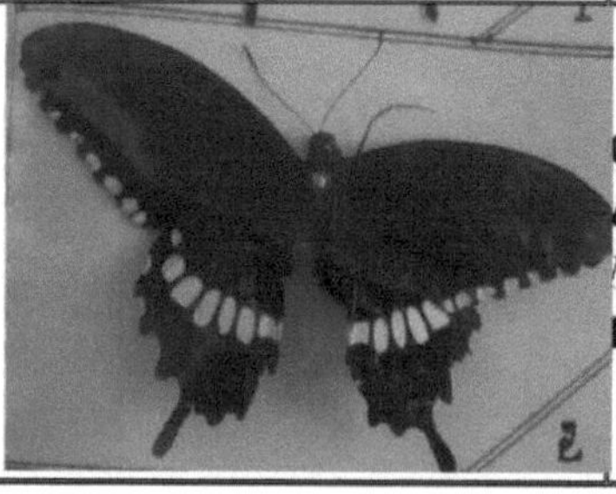	**Common mormon** ***apilio polytes Romulus* H.P:** ***Murraya koengii*** **Distribution : all around india**

Common wanderer
Pareronia hippia
H.P: *Capparis hayneana*
Distribution : all around India

Plain Tiger
Danus chrysippus
H.P: *Calotrophs gigantea*
Distribution : all around India

Yellow Pansy
Junonia hie'rta
H.P: *Justicia sp.(Common weed)*
Distribution : all around india

Tawny coster
Acraea terpsicire
H.P: passiflora- scubby grasslands
Distribution : all around india

PLACA III RECOLHA DE INSECTOS LEPIDÓPTEROS EM QUATRO LOCAIS

Yellow orange Tip
Lxias pyrene
H.P:*capparis deciduas*
Distribution : All over India

Blue tiger
Tirumala limniace
H.P: Plumbago zeylanica
Distribution : All over India

Common jezebel
Delias eucharis
H.P: *Dentrophthoe falcata*
Distribution : All over India

QUADRO 1 A Pormenores da localidade das zonas onde foi efectuado o estudo de campo

District	Locality	Latitude	Longitude
Namakkal	Allinaickenpalayam	11.4335*N	77.8195*E
	Nathamedu	11.4227*N	77.7865*E
	Alampalayam	11.4123*N	77.6543*E
	Mudhalaimadaiyur	11.3798*N	77.4784*E

QUADRO I B Lista de borboletas no distrito de Namakkal registadas entre novembro de 2016 e janeiro de 2017

Kingdom: Animalia

Phylum: Arthropoda

Class   : Insecta

Order   : Lepidoptera

Family	Genus	Binomial Name	Common Name
Lycaenid	*Curetis*	*Curetis acuta*	Acute sunbeam
Nymphalidae	*Parantica*	*Parantica aglea*	Glassy tiger
Papillionidae	*Pachliopta*	*Pachliopta hector*	Crimson rose
Papillionidae	*Papilio*	*Papilio polytes*	Common mormon
Pieridae	*Pareronia*	*Pareronia hippia*	Indian wanderer
Nymphalidae	*Danus*	*Danus chrysippus*	Plain tiger
Nymphalidae	*Junonia*	*Junonia hierta*	Yellow pansy
Nymphalidae	*Acraea*	*Acraea terpsicire*	Tawny coster
Pieridae	*Lxias*	*Lxias pyrene*	Yellow orange tip
Nymphalidae	*Tirumala*	*Tirumala limniace*	Blue tiger
Pieridae	*Delias*	*Delias eucharis*	Common Jezebel

QUADRO - I Observação mensal da entomofauna nos sítios - I, II, III e IV
Tiruchengode taluk, distrito de Namakkal

ORDERS	MONTHS			Total
	November-2016	December-2016	January-2017	136
LEPIDOPTERA	52	57	27	

GRÁFICO - I Observação mensal da entomofauna nos sítios -I, II, III e IV
Tiruchengode taluk, distrito de Namakkal.

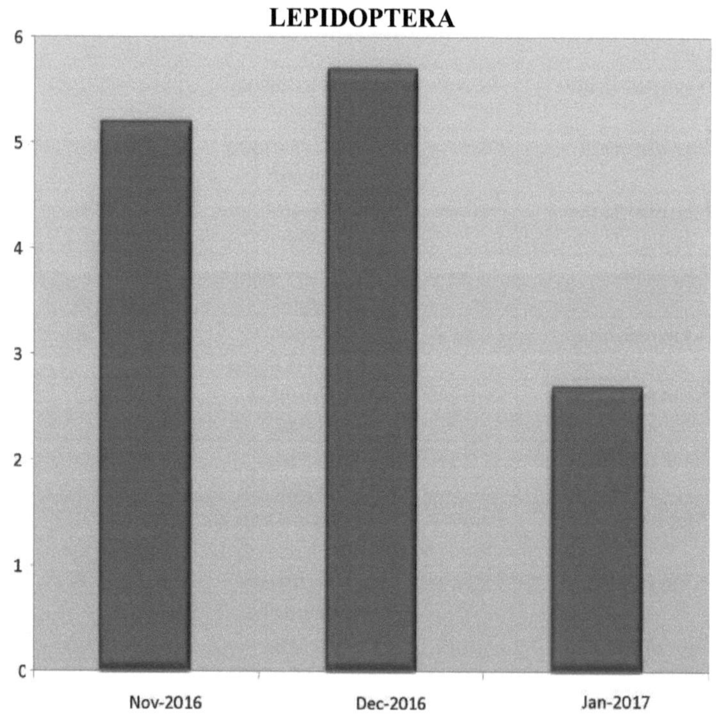

QUADRO II Número total de diversidade de espécies da entomofauna Sítio - I, II, III e IV Tiruchengode taluk, distrito de Namakkal.

NAME OF THE INSECT ORDER	NO OF THE INSECTS COLLECTED				TOTAL NO OF INSECTS IN EACH SITES
	Site - I	Site – II	Site – III	Site - IV	
LEPIDO PTERA	45	37	20	34	136

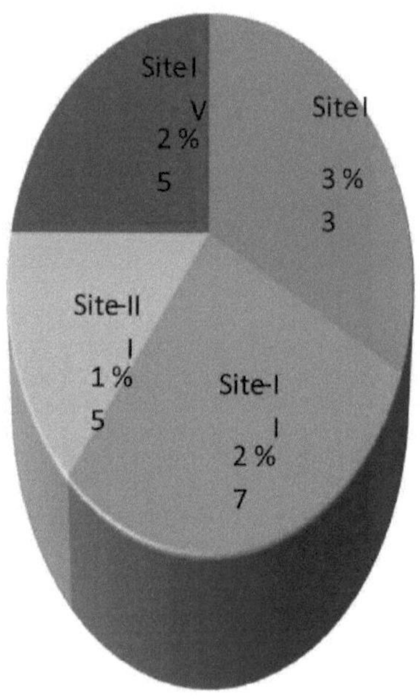

Site - I   Site – II   Site – III   Site - IV

TABELA - III Variação mensal da diversidade de espécies de Lepidópteros registada na área de estudo entre novembro de 2016 e janeiro de 2017.

MONTHS	NO OF INSECTS COLLECTED
November– 2016	52
December– 2016	57
January– 2017	27
TOTAL `	136

GRÁFICO -II Variação mensal da diversidade de espécies de Lepidópteros registada na área de estudo entre novembro de 2016 e janeiro de 2017.

Nº DE INSECTOS RECOLHIDOS

QUADRO -IV Temperatura (^{o} C) registada em Tiruchengode taluk, distrito de Namakkal, entre novembro de 2016 e janeiro de 2017.

MONTHS	TEMPERATURE											
	SITE 1			SITE2			SITE 3			SITE4		
	MX *C	MI *C	AV *C	MX *C	MI *C	AV *C	MX *C	MI *C	AV *C	MX *C	MI *C	AV *C
NOVEMBER	32	18	25	32	18	25	32	18	25	31	19	25
DECEMBER	32	19	25.5	39	34	26.5	33	20	26.5	32	18	25
JANUARY	33	20	26.5	35	18	26.5	32	18	25	31	19	25

GRÁFICO - II Temperatura (^{O} C) registada em Tiruchengode taluk, distrito de Namakkal, de novembro de 2016 a janeiro de 2017.

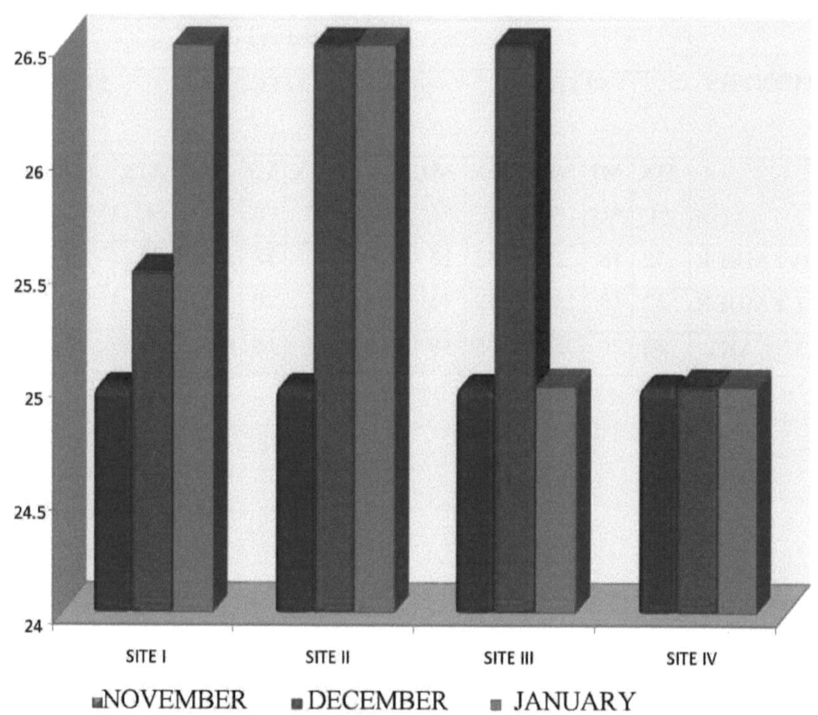

TABELA- V Composição de espécies de lepidópteros recolhidos nos sítios I, II, III e IV durante o período de novembro de 2016 a janeiro de 2017.

SPECIES	SITE 1	SITE 2	SITE 3	SITE 4
Curetis acuta	3	4	5	0
Parantica Aglea	4	3	2	8
Pachliopta hector	2	4	2	9
Papilio polytes Romulus	4	3	0	10
Pareronia hippia	9	3	0	0
Danus chrysippus	2	2	0	7
Delias eucharis	6	2	2	0
Junonia hie'rta	2	3	1	0
Acraea terpsicire	4	5	5	0
Lxias pyrene	3	1	1	0
Tirumala limniace	6	7	2	0
TOTAL	**45**	**37**	**20**	**34**

QUADRO - VI Índices de biodiversidade

(SOFTWARE ANTERIOR 3.14)

DIVERSITY INDICES	Site - I	Site – II	Site - III	Site - IV
Taxa_S	1I	11	8	4
Individuals	45	37	20	34
Dominance_D	0.114	0.010	0.17	0.25
Simpson_1-D	0.8	0.8	0.83	0.74
Shannon_H	2.281	2.29	1.91	1.37
Evenness_e^H/S	0.88	0.90	0.84	0.99
Brillouin	1.95	1.92	1.49	1.22
Menhinick	1.64	1.80	1.78	0.68
Margalef	2.62	2.76	2.33	0.85
Equitability_J	0.95	0.95	0.92	0.99
Fisher_alpha	4.642	5.29	4.94	1.17
Berger-Parker	0.2	0.18	0.25	0.26
Chao-1	11	11	8.2	4

RESULTADO

Foi recolhido um número total de Lepidoptera de **novembro de 2016 a janeiro de 2017**, num total de **onze** espécies de Lepidoptera registadas no local de estudo pertencentes a **quatro** famílias, nomeadamente *Nymphalidae*. A preferência das borboletas por determinados habitats está associada à disponibilidade de plantas hospedeiras de larvas e de plantas de néctar para adultos. A grande diversidade de borboletas, especialmente de **Nymphalidae, Pieridae, Papillionidae e Lycaenid Plate - I, II e III**, indica um conjunto emparelhado de espécies florais em Tiruchengode Taluk, distrito de Namakkal, Tamil Nadu, Índia. Número total de **136** insectos pertencentes à ordem Lepidoptera. Recolhidos nas zonas agrícolas de Tiruchengode Taluk **(QUADRO IA E QUADRO IB).**

Foi registado um total de **136** indivíduos de borboletas durante o período de estudo.

O número máximo de borboletas foi registado durante os meses de novembro, dezembro e janeiro. A temperatura média e a precipitação foram favoráveis ao crescimento e ao ciclo de vida das borboletas. A população de Lepidoptera diminuiu durante os períodos de novembro de 2016 **(52)** e dezembro de 2017 **(27)**. Este declínio na população de Lepidoptera está correlacionado com condições climáticas desfavoráveis **(Tabela - I) e (Gráfico - I)**

A Tabela II mostra o número total de indivíduos recolhidos entre novembro de 2015 e janeiro de 2016 em diferentes locais. O número total de indivíduos recolhidos no **sítio -I** foi superior ao das outras zonas. A coleção de Lepidoptera apresenta o maior número de insectos.

Entre os lepidópteros, foram registadas **136** borboletas neste local, que era uma zona muito diversificada. Foram registados **45** indivíduos no local - I, que é uma zona rural com pouca vegetação, e no local - III foram documentados **20** indivíduos. Nesta zona, as actividades humanas eram elevadas, com lojas, escolas, (Gráfico-III) edifícios, etc. Foi registado um número reduzido **(20)** de lepidópteros no Sítio - IV.

O número total de Lepidoptera recolhidos durante o mês de novembro de 2016-janeiro de 2017 é apresentado no **Quadro III**. O número máximo de indivíduos foi registado durante o mês de novembro de 2016. Foram observados **27** números de borboletas no mês de janeiro de 2017, seguidos de **57** insectos no mês de dezembro de 2016. A população de borboletas diminuiu durante os períodos de janeiro de 2017 **(27)**. Durante os três meses do período de estudo, houve uma flutuação, as populações diminuíram na estação do inverno e aumentaram de forma constante na estação das chuvas.

TEMPERATURA

A Tabela -IV mostra a temperatura registada nos diferentes locais durante o período de estudo.

Local - I A temperatura máxima registada em novembro de 2016 foi de **32°** C e a mínima de **18° C**. De novembro de 2016 a janeiro de 2017, a temperatura varia de **25° C a 26,5° C. No local II** O máximo foi registado em outubro de 2016 **39°** C e o mínimo no mês de **18°** C. No local - III 32° C foi registado durante janeiro - 2017. No local IV Máximo **32°** C e mínimo **18°** C foi registado no mês de novembro de 2016. No Sítio - III registou-se **27,5°** C em outubro de 2016, enquanto no Sítio - IV a temperatura varia entre o mínimo de **18°** C e o máximo **de 32°** C durante o período de estudo.

DOMINÂNCIA:

A dominância registada foi de **0,3** para as comunidades de insectos. Foi registada uma dominância máxima de **0,25** e uma mínima de **0,010**.

DIVERSIDADE:

O índice de Shannon wiener (H) foi registado como **1,28** para as comunidades de insectos. A diversidade máxima de espécies registada foi de **2,281** e a mínima de **1,137**.

EVENTUALIDADE:

Foi registada uma regularidade máxima de **0,99** e uma regularidade mínima **de 0,84.**

RIQUEZA DE ESPÉCIES:

Registou-se uma diferença significativa no número de espécies entre os diferentes tipos de habitat. Nos quatro habitats, a riqueza máxima registada foi de **2,76**. Nos quatro taxa de insectos, a riqueza mínima foi de **0,85 (Quadro VI)**

DISCUSSÃO

Este estudo destaca a riqueza da fauna de insectos, que inclui 11 318 espécies de insectos pertencentes a 54 espécies. O resultado deste estudo mostra que os campos agrícolas são dominados pela diversidade de insectos. É óbvio que são ecossistemas que apresentam uma grande variedade de entomofauna.

Lepidoptera é a terceira ordem dominada por 3,22%, pertencendo a quatro famílias e 13 espécies. Os lepidópteros são vulgarmente conhecidos como borboletas e traças, com dois pares de asas bem desenvolvidas e escamas coloridas em muitas espécies.

As causas das flutuações na abundância de insectos não são completamente compreendidas. Wolda (1980) apresentou algumas razões que incluem mudanças macroclimáticas e microclimáticas, e variação na disponibilidade de fontes de alimento para insetos sazonais. Provavelmente, factores bióticos e abióticos são responsáveis pelo fenómeno Pinheiro *et. al.,* (2002). A abundância de insectos nas zonas tropicais aumenta na estação das chuvas.

No presente estudo, observou-se uma elevada diversidade e regularidade no ecossistema agrícola devido à disponibilidade de recursos alimentares. O agro-ecossistema suportou o número máximo de borboletas. A diversidade e a abundância de borboletas estão correlacionadas com a fenologia de floração das plantas (Gutierrez e Mendez 1955; Kunte 2000). A taxa de crescimento dos lepidópteros depende das plantas hospedeiras, o que determina a composição nutricional dos insectos. O nosso estudo obteve resultados semelhantes, tendo o género *Catopsila* sido registado em todas as áreas de estudo durante o período de estudo. Quase todas as espécies foram registadas no local I. Durairaj parandhaman (2012) registou dez espécies endémicas juntamente com *Papilio polymnestor* e *Papilio crino.* Estas duas espécies também foram encontradas no nosso estudo na área do ecossistema agrícola durante a estação das chuvas.

As espécies de borboletas registadas no sítio 2 foram 198. Foram registadas 15 espécies em Devanankurichi *Papilio crino, Graphium dosan, Hypolimnus bolina, Catopsila pyranthe, Melantis, Junoniarithya, Euploea core, Delias eucharis, Danus genutia, Euptrotessp, Appiaslybthia, Papilio polymnesto, Pachiliopta hector, Papilio polytes, Mycales perseus.* No habitat urbano de Alampalayam registou-se uma menor abundância. Este facto pode dever-se à indisponibilidade de alimento ou de planta hospedeira. Também se registou uma diversidade de onze lepidópteros no distrito de Namakkal, Rajarajeswari e Umamaheswari *et al.,* (2017). As actividades humanas têm uma forte influência na biodiversidade das espécies existentes. Clarke e Warwick (2001) também referiram que a diminuição das espécies de borboletas estava associada ao aumento das actividades humanas e afirmaram que as espécies raras, ricas e especializadas eram mais afectadas.

A falta de alimento, a redução das alterações e a erradicação completa das plantas hospedeiras numa zona afastam a população de borboletas dessa zona. As borboletas eram menos numerosas em zonas próximas de habitações humanas e mais frequentemente observadas perto de zonas agrícolas e florestais. No nosso estudo, o número máximo de espécies pertencia à família Papilionidae, seguida de Pieridae e Nymphalidae. Dos Himalaias Ocidentais, Uttar Pradesh. Arora *et al.* (1995) também registaram espécies de borboletas pertencentes a famílias como Papilionidae, Pieridae, Danaidae, Satyridae, Acraeidae, Nymphalidae, Erycinidae e Hesperiidae. Mathew (1994) referiu que Nymphalidae e Papilionidae eram as famílias dominantes de borboletas no parque nacional de silent valley, Kerala, com 100 espécies. Nos Himalaias Orientais e nos Himalaias Ocidentais, Wynter-Blyth (1957) registou 835 espécies de borboletas. Tiple (2009) documentou 145 espécies de borboletas pertencentes a 5 famílias na cidade de Nagpur e arredores, na Índia central. Nymphalidae foi a família mais dominante com 51 espécies. Da mesma forma, um total de 63 géneros e 97 espécies pertencentes a 5 famílias foram registados no distrito de Thiruvallur, Tamil Nadu, Índia. Os Nymphalidae, com 31 espécies de 19 géneros, foram considerados dominantes no distrito.

Em muitos locais, as variações sazonais, cíclicas e outras variações de temperatura exercem uma profunda influência na taxa de variação do número de insectos. As mudanças sazonais de temperatura são importantes para os insectos tropicais (Denlinger 1980). As populações de borboletas como *Ariciahy perantus* diminuem quando a temperatura e a precipitação aumentam (Pollard 1988). A informação pormenorizada sobre a biodiversidade é vital não só para a conservação mas também para avaliar o impacto ambiental. O presente estudo mostra que existe um maior nível de diversidade de insectos no agro-ecossistema. O maior número de insectos foi registado durante a estação das chuvas. Tal pode dever-se à presença de uma quantidade suficiente de plantas hospedeiras e a condições climáticas favoráveis que favorecem o desenvolvimento e o crescimento dos insectos.

No presente estudo, quatro bacias hidrográficas foram consideradas um bom habitat para as borboletas, com vegetação abundante e terrenos verdes.
A fauna de borboletas varia consoante a estação do ano e, juntamente com os arbustos e as gramíneas com floração, também suporta mais borboletas. A presente lista de espécies de lepidópteros não é conclusiva nem exaustiva, pelo que será necessário continuar a explorar para atualizar esta lista.

Espera-se que haja um estudo mais aprofundado sobre a biodiversidade e a taxonomia dos insectos nesta área, a fim de obter informações melhores e mais completas sobre estes insectos, que deverão ser documentadas para referência futura.

RESUMO

* A diversidade biológica é a variedade da vida na Terra em todos os diferentes níveis de organização biológica.

* A diversidade da ordem Lepidoptera foi estudada no seu nível de riqueza de espécies.

* A elevada diversidade de insectos proporciona uma resolução potencialmente elevada e alterações importantes no ecossistema.

* Tendo em conta estes factos, o presente estudo foi concebido para estudar a diversidade e a distribuição de insectos em Tiruchengode Taluk, Namakkal.

* No agro ecossistema observou-se uma elevada diversidade e regularidade durante o período de estudo **de novembro de 2016 a janeiro de 2017.**

* No total, foram registadas 136 borboletas em Tiruchengode.

* A rica diversidade de borboletas, especialmente de **Nymphalidae, Pieridae, Papillionidae e Lycaenid** local, indica um conjunto emparelhado de espécies florais em Tiruchengode Taluk, distrito de Namakkal, Tamil Nadu, Índia.

* Número total de **136** insectos pertencentes à ordem Lepidoptera. Recolhidos nas zonas agrícolas de Tiruchengode Taluk.

* A indisponibilidade de fontes de alimento e as condições climáticas desfavoráveis influenciam a distribuição de um inseto.

* Foi registado um número mínimo de espécies de insectos numa zona industrial.

* A temperatura mínima e a precipitação favorecem as fases de crescimento e desenvolvimento de um inseto.

* O aumento das actividades humanas, as condições climáticas desfavoráveis, a erradicação completa das plantas hospedeiras e a falta de alimentos influenciam a diversidade e a distribuição de um inseto.

* A ameaça mais importante à diversidade de insectos é a urbanização e a industrialização.

* Há uma necessidade urgente de conservar as espécies de insectos que se encontram no ambiente natural.

REFERÊNCIAS

Alfred, J. R. B. e Subha Rao, N. V. (1997). Biodiversidade (fauna) na Índia: uma visão geral. Boletim Informativo ENVIS, 4: 2-6.

Allan, J.D;Barnethouse, W; Prestbye, R.A. e Strong, D.R. (1973). Na folhagemAmericanButterfliesVary with habitat Disturbance and Around Nagpur City, Central India, *World Journal of Zoology,* 4 (3), 153-162.

Arora, G. S., Ghosh, S. K., Chaudhary, M. (1995). Fauna dos Himalaias Ocidentais (Lepidópteros: Rhopalocera). Himalaya Ecosystem Series: Fauna of Western Himalaya Part I (Z.S.I.), Uttar Pradesh, pp. 61-73.

Atwal A.S. e Dhaliwal, G.S.(2010). Agricultural Pests of South Asia and their Management, Kalyani Publishers.

Ayres, JS. e Schneider. DS.(2009). O papel da anorexia na resistência e tolerância a infecções em Drosophila. PLoSBiol; 7:1000- 1005.

Bale, JS; Masters, GJ; Hodkinson, ID; Awmack, C; Bezemer, TM; Brown, VK; Butterfield, J; Buse, A; Coulson, JC; Farrar, J; Good, JEG; Harrington, R; Hartley, S; Jones, TH;

Bliss, L.C. (1962). Net primary production of Tundra ecosystems. (Die Stoffproduktion der Pfanzendecke, H. Leith, eds.). Gustav Fischer Velag. Estugarda, 35-48.

Capdevila Arguelles, L. e Zilletti, B. (2008). Uma perspetiva sobre as alterações climáticas e as espécies exóticas invasoras. Convenção sobre a conservação da vida selvagem e dos habitats naturais da Europa. InvertebradosZinf05rev_2008_en.pdf [20.10.2010].Chapman & Hall, Londres.

Clarke, K. R. e Warwick, R. M (2001). Changes in marine communities: an approach toostatistical analysis and interpretação, 2, PRIMER-E: Plymouth.

D'Abreu, E. A. (1931). A lista de borboletas das Províncias Centrais. Registos do Museu de Nagpur Número VII, Imprensa Oficial da Cidade, 39pp.

Denlinger, D.L. (1980). Variação sazonal e anual da abundância de insectos no Parque Nacional de Nairobi, Quénia. *Biotropica* 12: 100-106.

Durairaj Paranthaman, Kuppusamy siva ramakrishnan e Mohammed Nagoor (2012). Diversidade de borboletas em diferentes habitats da parte de Tamilnadu dos Ghats Ocidentais (Lepidoptera:Rhopalocera) *Elixir Appl. Biology* 5110861 10865.

Gay (1992). Common Butterflies of India. WWF India e Oxford University Press Mumbai, Índia.

Gutierrez, D. e Mendez, R. (1995). Fenologia das borboletas numa zona de montanha no norte da Península Ibérica. Ecografia.;(18): 209-219.

Harrison J, Frazier MR, Henry JR, Kaiser A, Klok CJ, Rascon B. (2006). Responses of terrestrial insects to hypoxia or hyperoxia.Respiratory Physiology & Neurobiology; 154(1-2):4

Heppner, J. (1998). Classification of Lepidoptera. Parte I, Introdução, Holarctic Lepid, 5, 148.

Hook, P.(2008). "A concise guide to Insects". Parragon Book Ltd., Queen Street House 4 Queen Street Bath BA1 1HE.

Kocher, SD. e Williams, EH. (2000). The diversity and abundance of North American butterflies vary with habitat disturbance and geography. *Journal of Biogeography* 27 785794.

Kremen, C. (1992). Avaliação das propriedades indicadoras dos conjuntos de espécies para a monitorização de áreas naturais. Aplicações Ecológicas 2: 203-217.

Kunte, K. (2000). India - A Lifescape Butterflies of Peninsular India, publicado no âmbito do Projeto.

Kunte, K. J. (1997). Seasonal Patterns in the Butterfly Abundance and

Species Diversity in Four Tropical Habitats in Northern Western Ghats. *J. Biosci,* 22 (5): 593-603

Lindroth, RL; Press, MC; Symrnioudis, I; Watt, AD. e Whittaker, JB. (2002). Herbivoria na investigação das alterações climáticas globais: efeitos directos do aumento da temperatura nos insectos herbívoros. Glob Chan Biol 8:1-16.Biol 2011; 17: 676-687.

Margalef, R. (1958). Sucessão temporal e heterogeneidade espacial no fitoplâncton. In: Perspectives in Marine biology, Buzzati-Traverso (ed.), Univ. Calif. Press, Berkeley.323347.

Mathew, G.(1994). Biodiversidade de insectos em florestas tropicais: A study with reference to butterflies and moths (Insecta: Lepidoptera) in the Silent Valley National Park (Kerala). Advances in Forestry Research in India 11:134-171.

Mattee, J.J. (1978). The induction of diapause in eggs of *Locusta paradlina* Walker (Acrididae) by high temprature. *J. Ent. Soc. Sth. Afr.* 41: 25-30.

Moore, B. A. e Allard G. B. (2008). Impactos das alterações climáticas na saúde das florestas. Forest Health & Biosecurity Working Papers FBS/34E. Serviço de Desenvolvimento dos Recursos Florestais, Divisão de Gestão Florestal, FAO, Roma.

Netherer, S. e Schopf, A. (2010). Efeitos potenciais das alterações climáticas nos insectos herbívoros das florestas europeias - Aspectos gerais e a traça processionária do pinheiro como exemplo específico. Forest Ecology and Management 259(4):831-838.

Parmesan, C. e Yohe, G. (2003). Uma impressão digital globalmente coerente dos impactes das alterações climáticas nos sistemas naturais. *Nature,* 421: 37-42.

Pelham, J.(2008). Catalogue of the butterflies of the United States and Canada (Catálogo das borboletas dos Estados Unidos e do Canadá). *Journal of Research on the Lepidoptera* 40, xiv- 658.

Pinheiro, M.H.O; Monteiro, R.   e Cesar O. (2002). Levantamentofitossociológico da florestaesacionalsemidecidual do jardimBotânico Municipal de Bauru,São Paulo, *Naturalia.*, 27, 145-164.

Pollard, E. (1988). Temperature, Rainfall and Butterfly Numbers. *Journal of Applied Ecology,* 25, 819-828.

Pollard, P. e Yates, T. J. (1993). Monitorização de borboletas para ecologia e conservação. The British Butterfly Monitoring Scheme. *Chapman and Hall*; Londres, 274pp.

Rajarajeswari, A., S. Umamaheswari, M. Ashokkumar e M. Shanmugapriya (2017). Diversidade e abundância da ordem dos lepidópteros em thiruchencode taluk, distrito de Namakkal, Tamil Nadu. *Jornal Mundial de Pesquisa Farmacêutica.* 6(6), 591-596.

Ross, H.H. (1965). *A textbook of Entomology.* John Wiley and Sons New York, 519 pp.

Rouault, G., Candau, J.N., Lieutier, F., Nageleisen, L.M., Martin, J.C. e Warzee, N. (2006). Efeitos da seca e do calor nas populações de insectos florestais em relação à seca de 2003 na Europa Ocidental. Annals of Forest Science, 63(6): 613-624.

Rudd, W. G. e Jensen, R. L. (1977). Amostragem com rede de varredura e pano de chão para insectos em soja. *J. Econ. Entomol.* 70:301304.

Schulze, C.H. (2000). Auswirkungen anthropogenic Storungen auf die Diversitat von Herbivore - Analysen von Nachtfalterzonosen entlang von Habitat gradient in Ost- Malaysia. Tese de doutoramento, *Universidade de Bayreuth.*

Shields, O. (1989). World no. of butterflies. *J. Lep. Soc.,* 431(3): 178-183.

Sinclair, B.J., Vernon, P, JacoKlok, C. e Chown, S.L. (2003). Insectos a baixas temperaturas: uma perspetiva ecológica. Tendências em Ecologia e Evolução; 18(5):257-262.

Singh, A.P. e Pandey, R. (2004). Um modelo para estimar a riqueza de espécies de borboletas em áreas do subcontinente indiano: proporção de espécies de Papilionidae como indicador. *J.Bombay Nat. Hist. Soc., Bombay,* 101:79-89.

Singh, R. e Sachan, G.C. (2007). "Elements of Entomology", *Rastogy Publication, pp -27-70.*

Smetacek P. (1992). Registo de Plebe jusevers manni (Stgr.) da Índia *J. Bombay Nat. hist. soc.(89):* 385-386.

Srivastava, K.P. (2004). "Collection and Preservation of Insects and Classification and considerations for Life-Histories", *A Text Book of Applied Entomology,* II, pp. 36-64.

Stork, N. E., McBroom, J., Gely, C. e Hamilton, A. J. (2015). "Novas abordagens restringem as estimativas de espécies globais para besouros, insetos e artrópodes terrestres". *Actas da Academia Nacional de Ciências* 112: 201502408.

Tiple, A.D. (2009). Butterflies from Nagpur city, central India: Diversity, Population, nector and larval plants and the implications for conservation, Tese de Doutoramento, *RTM Nagpur Un iversity Nagpur India.* 1-146.

Tolman, T. e Lewington, R. (2008). Collins Butterfly Guide: The Most Complete Field Guide to the Butterflies of Britain and Europe (O Guia de Campo Mais Completo das Borboletas da Grã-Bretanha e da Europa). Harper Collins, Londres.

Wolda, H. (1980). Sazonalidade dos insectos tropicais. *J. Anim. Ecol.* 49: 277-290

Wynter-Blyth, M. A. (1957). Butterflies of the Indian Region, *Publicado por Bombay Nat. Hist. Soc., Bombaim.* XX+523:72

Yamamura, K. e Kiritani, K. A. (1998). Método simples para estimar o potencial aumento do número de gerações sob o aquecimento global em zonas temperadas. *Appl. Entomol Zool.* 33:289-298.

PALAVRAS-CHAVE:

ISC	:	Indian Sub-Continent
*N	:	Northern Latitude
*E	:	Eastern Longitude
H.P	:	Host Plant
PAST Software	:	PAleontological STatistics Software
S – W Index	:	Shannon – Wiener Index
°C	:	Celsius

I want morebooks!

Buy your books fast and straightforward online - at one of world's fastest growing online book stores! Environmentally sound due to Print-on-Demand technologies.

Buy your books online at
www.morebooks.shop

Compre os seus livros mais rápido e diretamente na internet, em uma das livrarias on-line com o maior crescimento no mundo! Produção que protege o meio ambiente através das tecnologias de impressão sob demanda.

Compre os seus livros on-line em
www.morebooks.shop

Printed by Books on Demand GmbH, Norderstedt / Germany